# 目次

關於封面

飛田和緒購買雞蛋和青菜的安田養雞所。
把數種色彩豐富的雞蛋並排在一起，
翡翠色的雞蛋是來自
南美智利原產、名為Araucana的雞。
本期封面是以安田養雞所的雞蛋為主角，
雖然把蛋打破後，每一顆都一樣，分不出差異，
但這些蛋卻各自有Atom、Tafuran、Siosai等不同的名字。
攝影—日置武晴

特集1　放浪的終點，松本

# tadokorogaro與溫石

文—高橋良枝
攝影—公文美和
翻譯—蘇文淑

為《日日》雜誌與官網繪製插圖的田所真理子，目前與先生須藤剛兩人住在長野縣松本市。

這是他們在尋找理想住居的旅途上，暫時的落腳處。須藤夢想能住在有山、有溫泉的地方。真理子則想住在像小說《大草原之家》描述的那種森林小屋。

三月底拜訪他們時，松本難得出現了溫暖的好天氣，但隔天馬上又冷得令人縮起了身子，讓人覺得山裡的春天來得真慢呢！

兩人的住家兼藝廊、日本料理店「溫石」坐落於松本的邊陲，一處住宅區的巷弄深處。夫妻倆認真地把這棟日本老屋修好，如今塗上了白漆的榻榻米房散發出一股難以言喻的靜謐氛圍。

這趟旅程，我們打算拜訪他們夫妻及其他友人、還有認識的店家。

真理子不曉得為何把做好的各種臉孔小雕塑收進袋子裡。她的五趾襪也好有趣。
「tadokorogaro」採預約制。請電洽展覽時間，盡量於一天前預約！　0263-36-0985
「溫石」主廚精選　週一～週六（週日與國定假日休息）　中午12：00～，晚上18：00～20：00（入店）請於三天前預約。

## 裝飾著真理子插畫的藝廊「tadokorogaro」

真理子是在《日日》創刊前一年，成為《日日》的夥伴。當時三谷龍二在松本的餐廳「Porte-Bonheur」裡介紹我們認識。當場就被我拉進了《日日》陣營的真理子笑道：

「哎呀，她硬拐人家啦！」

聽她這麼一說，飛田和緒也笑不可遏地接話：「跟我一樣！」

真理子以獨特的感性筆觸畫出了令人過目難忘的插圖，不管是《日日》的招牌人物「南瓜歐巴桑」或

招牌小小的，外觀也是普通至極的民宅，很多人可能沒留意到這裡有藝廊。

官網上的「日日村」，都展現出只有她才表現得出的世界。

「tadokorogaro」就是展示她的插畫與舊雜貨的藝廊。真理子會不定期更換作品。

「不過這裡實在太偏僻，通常沒什麼人上門。」

真理子羞赧地笑著，一對靈動的眼睛朝下俯望。

當她還在愛知縣的大學就讀時，很嚮往英國園藝家的工作，於是跑去花店打工。也不管其他同年級的學生紛紛去了大企業上班，或成為空服員，這個人還是一心不亂地，畢業後仍在花店工作。

三年後，她想認真地學習從小喜歡的繪畫，於是到了東京的長澤節設計學院（Setsu Mode Seminar）就讀。在東京的那七年，她在打工的咖啡店等地遇見了許多魅力獨具的人，其中一位，便是成為她先生的須藤剛。

榻榻米上擺著舊桌檯和櫃子，白牆上展示真理子的畫作。

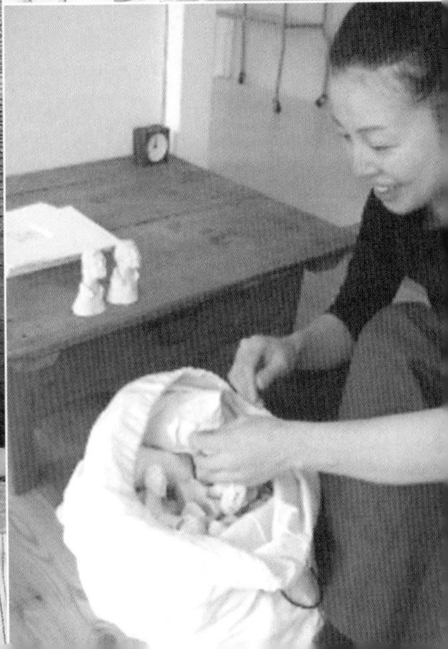

## 堅持使用當地食材，日本料理店「溫石」。

須藤剛雖然跟真理子都是33歲，但渾身散發出了一股禪僧般的沉穩氣質。連他開的店「溫石」，名字也是取自禪僧把石頭溫熱後，放在懷裡取暖的典故。

「在鄉下開店是我從在日本料理店當學徒起就有的夢想。」

他們兩人在去年十一月時決定把自宅改裝成「溫石」。既然還沒找到心目中理想的店鋪，不如先在自己能力範圍內，提供料理吧！

基於想使用松本當地食材，提供

溫石的餐桌是把野口木材的舊木頭回收來請師傅重做，帶點孩童書桌的童趣。

美味蔬菜的堅持，兩人開始拜訪區域內的農家，終於找到了理想的蔬菜。

「能種出好菜的人，通常也很有魅力。」

須藤剛對於在這裡提供料理，似乎愈來愈有興致了。

山城裡，從嚴冬到早春幾乎都看不到葉菜類，只有蘿蔔等容易保存在室內的根莖蔬果，所以在菜色安排上也煞費苦心。

那天（3月27日）我們享用了「男爵薯與五月薯的茶碗蒸」、「烏魚子和油菜花蒸飯」、「烤白蘿蔔、蒸鮑魚佐蜂斗菜嫩肝味噌」、「鹽烤香鴨搭松本一本蔥醬」等，含甜點在內總共有八道菜。「松本一本蔥」的個兒矮胖、柔軟香甜，是松本當地的甜蔥。這頓飯，讓我們吃到了味如其人的靜謐與溫柔。

木地板上鋪著白布，擺上餐點、三谷龍二設計的火爐、插在砲筒裡的花，獨屬於溫石的詮釋。

夫妻倆常在「縣之森」散步，這裡每年舉辦工藝展。
當地舊制高中所保留的木頭校舍，透著一股懷舊的味道。

## 開始在松本生活的理由之一<br>因為這裡看得見山、離溫泉近<br>接近兩人心中的描繪

「在東京的生活，不知不覺間開始讓人不愉快，於是我們也沒決定要去哪裡，就這麼出發旅行了。」

須藤剛想離開的心情，加上真理子想住在「大草原之家」那種被森林環抱的住居夢想，開啟了兩人這場尋夢之旅。

他們先把東京的房子退掉，搬到北海道農家借住，一邊在認識的蕎麥麵店裡幫忙。一個半月後，兩人回到東京，把棉被、廚具等家當堆進從北海道買來的二手廂型車裡，展開了未知的尋家之旅。那是大約兩年前的事。

「比較明確的只有，去了松本，要去拜訪三谷先生。」

其他就是要看得見山、離溫泉近，信州大概就有這樣的條件。

兩人一路從新潟南下，沿途邊找房仲業者、看了許多老屋。終於抵達松本時，真理子已經對住在車上的生活、不知去向的旅途開始感到疲倦。

「我們去拜訪三谷先生前剛大吵一架，哭得我眼睛都腫了。」

「那天晚上我剛好要去看戲，所以把他們介紹給森下夫婦。」

三谷把兩個人介紹給在市內經營法國餐廳「Porte-Bonheur」的森下夫婦，森下夫婦當晚邀請兩人「住在我家吧？」於是兩人在森下家借住了一星期，這也成為兩人在松本生活的開端。

森下夫婦也是在2003年時才從名古屋搬到松本，同樣也是松本的新市民；而三谷也不是信州人。不曉得為什麼，松本似乎有種把人引來的魅力呢。

**PERSONA STUDIO**
三谷龍二的工房就在真理子家對面的山丘上，離阿爾卑斯公園很近，景觀優美。

於三谷龍二的漆工房窗旁。
三谷把手邊工作停下來，聽真理子講話。

對談　吳念真vs.傅天余

# 享受生活中的一杯咖啡

在咖啡店喝咖啡？或在家裡喝咖啡？
咖啡帶給人的意義各個不同，
二位導演談喝咖啡的態度與在咖啡館的故事。

吳念真─全方位創作大師，
人生像咖啡一樣滋味豐富。
（以下簡稱W）
傅天余─電影導演、作家。
一年前開了自己的咖啡店。
（以下簡稱F）

**W** 每次喝到好咖啡的時候，都不知該說什麼來形容那個好喝的感覺。

**F** 咖啡的味道很難用一個形容詞描述，可能複雜到需要一首詩、一本小說、一部電影，或簡單到只是一個眼神。

**W** 我想起一個笑話，有一次跟著《悲情城市》去紐約影展，林懷民帶我們去Plaza Hotel吃飯，服務生西裝筆挺很認真跟我們說明菜單，哪裡的牛肉佐什麼醬汁之類，每個人英文都聽得迷迷糊糊，林懷民就教我們不用管他，當服務生停下來之後只要朝著他面露微笑說：「Sounds good!」然後點自己想要吃的肉。還有試紅酒時服務生不是也會解釋一大堆嗎？那個也不用管他，只要試喝完之後面露微笑說：「Good! Very dry!」只要學會這兩句就夠了。但是喝咖啡我就不懂了，應該要出一本書告訴大家品味咖啡時要說什麼才得體。

**F** 到一個階段咖啡開始比較普及之後，跟喝紅酒一樣，懂得喝咖啡好像變成某種品味，有些人開始會講究咖啡的煮法、產地，當然咖啡的專業知識很廣闊很迷人，但我其實並不覺得需要過度在意這些，好好去享受眼前這一杯咖啡，這樣就夠了。

**W** 以前曾有人覺得我好像有品味，找我一起去鑑賞咖啡，過程介紹很多種不同的豆子，慢慢煮，每一杯喝下去都要做出某種很享受的表情，大家還互相對望欣賞彼此的表情，然後主人會分析每款豆子不同的澀味、酸味，老實說那樣的聚會我無法真的很享受。

**F** 就像看電影，喜不喜歡，純粹是個人經驗的問題，重要的是自己有沒有被感動到，不需要去分析劇本、導演運鏡、這些技術性的東西，只有影評人才需要做這些事吧！

 文字整理─傅天余　攝影─鄭年翔　咖啡提供─nichi nichi日子咖啡（02-25596669）

**「咖啡這種飲料不適合刻意，跟愛情一樣，對的時候遇上一個對的人；timing對的時候可能錯的也變成對的了。」**

**F** 最近有喝到好喝的咖啡嗎？

**W** 最近印象很深的是某天一個人開車到北海岸，看到一家咖啡店是開在海邊的，那天風浪很大，我忽然覺得真想喝一杯咖啡，就去買了一杯，站在海岸邊喝邊看著海浪，那應該是我最近喝過頗愉快的一杯咖啡。

**F** 我也很少特地跑去哪一家咖啡店喝咖啡，那種感覺都像是蓄意去做什麼，總覺得咖啡這種飲料不適合刻意。跟愛情一樣，對的時候遇上一個對的人；timing對的時候可能錯的也變成對的了。

**W** 我記憶中好喝的咖啡好像都是這樣，那個片刻真的很想喝，然後立刻可以得到，時間、自己的精神狀態，什麼都對了，覺得這樣才是真正在喝咖啡。不過我已經很少有機會坐在咖啡店裡面喝咖啡了，好像已經過了那個生命階段。年輕時倒是一天到晚泡咖啡廳。

**F** 以前大家習慣叫咖啡廳，現在叫咖啡店或咖啡館，從你年輕到現在，咖啡店這個概念有什麼不一樣？

**W** 日據時代，「呷咖啡」這件事情是西洋流行過來的，咖啡本身就是一種品牌，代表時髦、或「某種身分」的飲料。早期咖啡廳並不是一般人平常去的地方，當時也很少人會在家裡煮一杯咖啡來喝，所以去咖啡廳喝咖啡變成是一種慎重的儀式，喝咖啡這件事通常代表「有事情」，比方約了人，或者見尊貴的客人。後來去喝咖啡似乎變成戀愛的一種儀式，追女生時一定就是帶她去喝咖啡、看電影，像有一首台語歌歌詞是：「看電影　飲咖啡　嘸通放忘記　咱二人已經是情意斷袂離　心心相愛　相愛」（洪一峰，〈心心相愛〉）這兩件事一定是連在一起的。

**F** 應該有人寫篇論文，研究咖啡在通俗流行歌曲中的文化意涵演變。

**「在那個年代喝咖啡，跟咖啡本身是沒有什麼關係的，那時的咖啡廳對我來說，重點不是去喝咖啡，而是去工作。」**

**W** 後來喝咖啡這件事變成跟工作有關。民國六十幾年我開始寫劇本之後，很多人會約我

喝咖啡，那一定都有目的。當時最常去是西門町的「琴宮西餐廳」，民國六十到七十年左右，所謂的西餐廳或咖啡廳裝潢都流行那種豪華路線，法國宮廷式的椅子、水晶吊燈之類，有一個固定的風格，當時咖啡這種飲料是跟那樣的場合連結在一起，是一個正式的交際場所。常常我們這桌在談劇本，那桌在談做生意借貸，或男女雙方初見面相親，甚至碰過有黑道兄弟在談判。

**F**

古今中外咖啡店跟創作一直有很密切的關係，可以說，每一部電影背後都有一家咖啡店。

**W**

以前最有名的一家叫「明星咖啡」，那裡可以叫一杯咖啡從早上混到晚上也不會被趕，我們大家常去點一杯咖啡，然後開始討論劇本，故意杯底剩下一點點不喝完，中午還去旁邊的排骨大王吃飯，吃完回來繼續混，黃春明也常常在那邊一杯咖啡混到晚。那時我們在三樓，旁邊還有一個日文老師在上課教日文，兩小時換一班。現在想想真是太離譜了，從早上十點坐到下午五點，後來實在太不好意思了，就改去另外一家。

**F**

對許多人來說，咖啡店代表一個消費便宜又可以待很久的地方，大家去咖啡店重點在於利用咖啡館的空間，而不是去喝咖啡。

**W**

在那個年代喝咖啡，跟咖啡本身是沒有什麼關係的，所以從來不會去在意這個咖啡好不好喝。大家也不懂各種咖啡豆的差異，常常老闆為了表示大方會要你點「最貴的」，代表他對你的尊重，所以我喝最多的就是藍山咖啡，有特別好喝嗎？老實說我也喝不出來。那時的咖啡廳對我來說，重點不是去喝咖啡，而是去工作。

**F**

像琴宮那樣的咖啡廳已經越來越少了，這幾年來咖啡店的風格在慢慢改變，變得越來越簡潔明亮，俐落簡單。

**W**

我注意到還有一個很大的改變，就是獨自喝咖啡的人變多了，尤其是一個人的女生，這種畫面以前不太可能看到。以前咖啡沒有一個人喝的，一定是約了人，一個人喝咖啡人家看了會覺得很奇怪。

**F**

一個人在咖啡店看書、喝杯咖啡這樣的畫面，在歐美或日本是很普通的日常風景，從前出國時看了會覺得很羨慕，因為那時台灣比較少有這樣的咖啡店，但是現在越來越多了。這件事可能是都市文明的某個象徵，可

**本日咖啡**

伊索比亞日曬耶加雪菲（Ethiopia Konga Natural Yirgacheff），帶有水果的香甜，餘韻有點巧克力的香氣。

以一個人坐在咖啡店而絲毫不會感覺不自在，也有很多人習慣這樣做。

**W** 不只是年輕人喔。有一天我忽然注意到，現在一個人在咖啡店裡頭喝咖啡的老先生、老太太滿多的。我二十幾歲的時候要是看到咖啡廳裡一個五十幾歲的女人一個人坐在那邊喝咖啡，會覺得很詭異，會懷疑她是不是想尋短正在寫遺書呢！後來一想才忽然發現，像我們這種二十幾歲就會去咖啡店的人，現在都是老先生了啊！想到這裡忽然自己笑出來，不過是有一點悲涼的笑。

**「有很多人會一個人去咖啡店享受一段獨處的時光，我想到最後會變得更純粹，像歐洲人那樣，喝咖啡本身只是生活的一部分。」**

**F** 你們年輕時算是第一代有習慣去咖啡店看書聊天或工作，也就是很家常的使用咖啡館的人，一路延續這個喝咖啡的習慣，算一算這些人的年紀的確現在都五、六十歲了。

**W** 我們這一代人有個特性是，從年輕便一直拚命往前衝求生存，或想要做更多更有趣的事，真的常常會忘記自己幾歲了，老是以為自己還是小伙子。我現在常常叫人家大哥、大姊的，結果人家還比自己年輕十歲呢！所以當我看到現在一個頭髮斑白的人獨自去喝咖啡，會有兩個感覺：第一時代真的改變了，以前年輕的時候怎麼可能看到我爸爸那種年紀的人獨自在喝咖啡，那根本是不可能的畫面。第二是自己原來已經老了，昔日年輕的文藝青年，優雅的追求者已然老去了。

**F** 星巴克進來後，啟發了大家對咖啡的另一種想像，跟過去傳統咖啡店完全不同，代表的是一種美式、快速、時尚城市生活的氣氛。

**W** 喝星巴克感覺是give me a shock，快速讓自己清醒，好迎接下一個工作。

**F** 從現在越來越多人會一個人去咖啡店這個現象，我覺得台灣人開始有了一種新的心境，大家開始想要真正的去好好生活，而咖啡的意義也正在跟著改變。台灣人現在漸漸能夠體會，當我們在羨慕歐洲人多麼會生活時，人家並不是去買什麼名牌吃什麼大餐，而是他們很懂得如何去享受每一個生活的moment，例如一杯咖啡的時光。

**W** 沒錯，就是enjoy the moment。就像剛剛說的，咖啡剛開始的時候可能是一個身分地位

的代表，一個有意義性的飲料，咖啡店是要談正經事的時候才會去的地方，後來變成約女孩子談戀愛的步驟之一。慢慢到了現在，有很多人會一個人去咖啡店享受一段獨處的時光，我想到最後會變得更純粹，像歐洲人那樣，喝咖啡本身只是生活的一部分。

**F** 我也希望咖啡之後會更進入我們的生活，更多人懂得喝好咖啡，會寧願買自己喜歡的豆子早上起床悠閒的為自己煮一杯咖啡，勝過在上班路上匆匆忙忙買超商咖啡。大家也不追求裝潢多厲害的咖啡店，在意的是咖啡本身。像義大利，許多人路上走著走著便走進一家咖啡店點杯espresso，「咻」一口喝完就走了；或者買杯咖啡走到附近公園，翻翻書、發個呆。enjoy咖啡不是刻意而為的，而是生活裡面非常悠閒的一部分。

**W** 像此刻，颱風來臨前的剎那，一邊喝著好喝的咖啡，一邊看著外面天空極快速在變化，腦袋中浮現一個又一個漂浮的念頭、情緒、回憶、對話，到我這年紀，這真的是我能想出最棒的享受。

**F** 聽起來是老人的心情呢！

**W** 老了才能真正享受很多東西哪！

### 桃居・廣瀨一郎此刻的關注❸

# 尋訪青木良太的工房

青木良太的器物非常簡潔。散發著或白或銀或深灰色的質感、有如流動的岩漿冷卻固化後形成的器皿或是在金、銀箔覆蓋之下發出光芒，薄可透光的器皿，雖簡單卻也充滿著年輕的氣息。隨著他的年齡增長，未來會如何變化，令人期待。

文—高橋良枝　攝影—杉野真理　翻譯—王淑儀

門牌不知為何使用很正統的黑御景石，非常大器。
信箱則是隨意地放在水泥塊上。

出現在多治見車站的青木良太，膚色白皙而清瘦，是比想像中還要年輕的青年。雙耳上銀色的耳環光芒閃閃，頭上包著像伊斯蘭教徒所裹著的黑布，這模樣與其說是陶藝家，更像是走在原宿等流行地帶，打扮入時的年輕潮男。

然而，這印象卻在他開口說話後完全推翻。口條清晰、論述果斷明快，清楚地傳達著對於自己要走的路無可動搖的想法，讓我頓時明白先前曾在某處讀到他對自作的寄託：「我喜歡那種在汽車、音響上可見的那種金屬系銀色，想要做出適合與安藤忠雄先生的清水模建築搭配的作品。」

我搭車穿過多治見的街道，朝他的工房所在之土岐市前進。

「我的工房曾經是廢置多年的馬廄，沒什麼好拍的，確定要來？」

我搬出桃居的廣瀨先生告訴我

左邊的屋頂使用不同的建材拼拼湊湊「我去撿拾颱風天屋頂被吹掀的鐵皮，拿回來自己補修」。前方的小溪流到了夏天會出現螢火蟲。

的話：「那裡雖舊，不過很有氣氛哦」，他還是再次推托了一下說：「是嘛，但真的只是間破屋子喲。」

上面是這間工房的照片。這工房雖位於土岐市，卻是在遠離市街、前往山區的路上，前方有條小溪，以蘆葦編製的簾子圍著，青木良太一個人將過去殘破的馬廄一點一滴修整為工房，下雨天會漏水，屋內既沒有自來水、也沒有廁所可用。

「這離附近的超商也有段距離，要借廁所得跑到那邊去。」

專注在轆轤上的工作時，有時一整天沒有跟任何人開口說過一句話。「今年二月底要在法國跟一位法國人及瑞士人開三人聯展，在國內則有五次的個展。」

開個展，至少也要製作200件作品，因此確實也得連續關在工房裡好一陣子吧！

**青木良太**

1978年生於富山縣。從愛知縣的大學畢業後，2002年再從多治見市陶磁器意匠研究所畢業。曾獲Tableware Contest最優秀獎、朝日現代手工藝展佳作、2004年Sidney Myer Fund International Ceramics Award Silver Prize、2005年International Triennial of Silicate Arts 3rd Prize。國際陶磁器展覽會美濃銅獎、工藝都市高岡手工藝展大獎。2006年Tableware Contest年度大獎。現在於土岐市郊建造了間工房，過著日日作陶的生活。

坐在轆轤前的背影透露著孤高的神情，讓人難以接近。

工房的牆壁保留著過去馬廄時期原有的樸素泥牆。

青木是從愛知縣的大學畢業之後，才進到多治見市的陶磁器意匠研究所學習陶藝的基礎。

「我從大學時代就開始製作服裝、飾品販售，這個耳環是那時的熱銷商品。不過我覺得那個要做為一輩子的工作，有點不太可能，還考慮接下來是不是要去當美容師。」

當時正是所謂「專業美容師」被媒體炒得很熱的時候。修完學分到畢業之前還有段時間，於是去上了陶藝課，突然如受天啟般地閃過「就是這個！」的感覺。

從此踏上陶藝家之路。就學時修的課並沒有使用的轆轤，靠下課後自己摸索，這樣的日子過了一天又一天，畢業三個月後就開個展。決定將陶藝作為自己一生職志的青木良太，其努力與能量讓人大開眼界。他十年後的作品會有什麼樣的變化呢？

坐在轆轤前的青木表情十分認真。簡潔無一分多餘的造形
瞬間就從他細長美麗的手中誕生。

# 器皿的造形與釉藥的使用方式造就了他獨自的世界

文—廣瀨一郎　翻譯—王淑儀

「如熔岩般的質感。這是大概五年前他在多治見的「陶磁器意匠研究所」求學時的習作。
焚膏繼晷地研究釉藥的日子裡，從沸騰的釉藥掬取到令人意外的模樣。
如月球表面坑坑洞洞的冷冽底色中，透出可感受到熱與能量的不可思議的質感。」

■230×90（直徑×高度）

「器皿內部浮現出小珍珠般的結晶。這是加入銀彩後進入窯中受到高溫的影響，
使部分材質凝縮而成，是從過去的經驗得來的獨特技法。
大多數的冒險都是失敗收場，然而他總是能夠從這些失敗當中，得到些收穫。」

■200×180（直徑×高）

「將切成小片的金箔與銀箔一點一滴、仔細地貼出圖案紋路。
這道工序中所持續的緊張會帶給使用者刺激感。他的作品絕非容易馴化的器皿，
然而應該有很多人都感受到了那『不馴』的魅力。」

■150×100（直徑×高）

「白色陶器是在磁土中只揉入少量的釉藥燒製而成的碗，讓乾燥的消光質感看起來帶有些許的濕潤感。
黑色陶器是巧妙地使用金屬釉，呈現出恰到好處的重量感。
這些都是他獨特的、才華盡顯的成果，令人賞心悅目。」

■左 150×80．右180×90（直徑×高）

桃居　東京都港區西麻布2-25-13　03-3797-4494　週日、週一、例假日公休　http://www.toukyu.com/
廣瀨一郎以個人審美觀選出當代創作者的作品，寬敞的店內空間讓展示品更顯出眾。

特集2　料理家米澤亞衣的私房食譜

# 義大利日日家常菜

米澤亞衣曾在義大利各地的餐廳工作，
當初她在各地餐廳所吃到的店內伙食、
各地享用過的美味，如今全都滋養成珍貴的食譜。
就讓她為我們帶來義大利的日日家常菜。

料理、造型—米澤亞衣　攝影—日置武晴　翻譯—蘇文淑

在兼料理教室的自家寬敞廚房中，
料理中的米澤亞衣看起來很愉快。

## 茄汁義大利麵

每次我想吃義大利麵時，
就會先想起這道菜。
這十年來，
每次拜訪托斯卡尼某戶關照我的人家時，
一定會吃到這道菜。
最近我也終於愈做愈好吃了。

■材料
義大利麵（略粗）
蒜頭
水煮番茄
特級初榨橄欖油
鹽

■做法
蒜頭去芽芯、切薄片後入炒鍋，
倒入大量的特級初榨橄欖油後開小火。
等鍋子發出嗞嗞聲後，立即趁蒜片還沒變色前丟入水煮番茄，
加鹽、拌碎番茄，當醬汁煮成濃稠狀後轉中火。
麵條則煮到比彈牙略硬一些的程度，濾掉水分、
拌入仍維持中火的炒鍋中，與醬汁拌勻。

簡單的番茄口味讓人感到莫名地放鬆。
記得要倒入大量橄欖油。

記得總是在深夜昏暗處吃這道菜，
也可夾進烤過的麵包裡做成帕尼尼。

## 卡塔尼亞式的街頭烤肉風

夜幕低垂，西西里島的卡塔尼亞街上
出現了賣碳烤馬肉的小吃攤。
我只吃過一次就迷上了那滋味，連半夜也饞得去買。
可以把肉盛在盤上，或請對方夾進烤過的麵包裡
做成帕尼尼（panini）三明治。

■材料
喜歡的肉類（這裡用牛肉）
鹽
酒醋
奧勒岡葉（儘量選用帶梗的）
特級初榨橄欖油

■做法
將已回溫到室溫的肉擺在確實預熱好的烤盤或烤網上，
烤到喜愛的熟度後關火，
用奧勒岡葉梗沾上酒醋塗在肉上
（若無葉梗，就把葉片跟酒醋一起塗上）
最後灑上橄欖油與鹽即可。

把麵包跟肉一起烤較省時省事。
稍微烤焦也沒關係。

桿好的義大利麵在下鍋前要先攤開在木盤之類的平盤上，
煮時記得在鍋中加些鹽。

## 香蒜橄欖油寬麵

從前在專賣手工義大利麵的高級餐館工作時，
店裡的伙食簡直就是天堂！愛吃啥、吃多少都沒關係，
那時我每天幾乎只吃這道菜。

■材料
寬麵（tagliatelle）
高筋麵粉
水
鹽
醬汁
蒜頭（以蒜苗為佳）
紅辣椒（連籽切碎）
平葉歐芹
特級初榨橄欖油

■做法
□桿麵
把高筋麵粉堆成小山，中間壓凹一個洞來放入鹽。
慢慢加水，邊加邊由凹洞的內側往外拌勻麵粉。
將麵糰揉至光滑後移至盆子裡，蓋起來讓麵糰在室溫下醒30分鐘。
在桿麵棍與桿麵台上灑點麵粉，將麵糰桿至1公釐厚，
再灑上一層乾粉，把薄麵皮對折後切成7公釐左右寬的麵條。
請把麵條保存在低溫、低濕度處，以免沾黏。
□煮醬汁
在小炒鍋裡倒入大量特級初榨橄欖油，接著把一、兩顆大蒜連皮拍碎，入鍋以小火翻炒。
等大蒜有點著色後，丟點紅辣椒末翻拌即可關火。
將義大利麵煮到透光但帶芯的彈牙程度後，甩乾水分盛盤。
倒辣油、灑上幾抹隨意切碎的平葉歐芹跟蒜苗，可視個人喜好灑點帕馬森乾酪。

這道義大利麵的滋味取決於蒜苗、平葉歐芹
跟紅辣椒的搭配，簡單而富成熟風味。

倒入橄欖油裡的酒醋泛起了淡淡緋紅。
可視個人喜好調配沾醬。

## 生菜佐橄欖油、紅酒醋拌鹽

每回到市場採買了一大堆餐廳要用的蔬菜時，
總會做這道小品。
吃法很簡單，
所以味覺的重點在於
橄欖油、酒醋跟鹽的調味。
可以用當季新鮮蔬菜隨喜搭配。

■材料
喜歡的蔬菜
特級初榨橄欖油
紅酒醋
鹽
視喜好酌加胡椒

■做法
把蔬菜擺盤（照片中用土當歸、紅蔥跟新薑）。
找個略深的小碗或湯碗
斜斜傾向自己的方向（可在碗後擺根叉子），
倒入特級初榨橄欖油、酒醋跟鹽後，
拿根蔬菜咕嚕嚕地拌一拌醬汁即可入口。

## 番茄蛋

義大利餐廳也會碰到沒食材給員工吃的時候，
有次就在這種情況下廚師做了這道菜，
但這帶給我的回憶比任何美食更欣喜。
可以像照片那樣保留雞蛋的形狀，
也可攪拌均勻，完全隨個人喜好而定。

■材料
特級初榨橄欖油
蒜頭
水煮番茄
雞蛋
鹽
胡椒

■做法
蒜頭去皮去芯拍碎，
入鍋加點特級初榨橄欖油，開小火。
等蒜頭略微上色後，放入水煮番茄與鹽，轉中火。
當醬汁略微濃稠即打蛋下鍋、蓋鍋蓋，
接著以中小火煮至蛋白凝固、蛋黃半熟。
輕灑鹽、胡椒於蛋黃上即可。

這道日常小品很適合當成早餐或宵夜，
可以連鍋子一起上桌唷！

# 油漬鯷魚

義大利流浪的日子快結束時，
在卡塔尼亞的危險地區發現了一家很酷的館子。
客人一手抓起鯷魚的尾巴就往嘴巴送，
用牙齒刷掉骨頭，那吃法真讓人大開眼界。
留在盤底的醬汁比鯷魚還鮮美，
可別忘了沾上麵包吃光光唷！

■材料
鯷魚
蒜頭
辣椒
平葉歐芹
特級初榨橄欖油
鹽
■做法
用手去掉魚頭、腸子，輕輕過一下鹽水涮洗。
擦乾，並排在平盤上。
將蒜頭、平葉歐芹、辣椒（連籽）隨意切碎後
與鹽一起灑上，淋上橄欖油即可。

這道料理的成功關鍵
取決於鯷魚新鮮與否。

## 生活與器皿❶
# 「冰咖啡」

久保百合子（造型師）

夏天時我一整天都想喝氣泡飲料，但只有一個時候例外，那就是在上午結束了清掃洗衣的雜務後，我喜歡倒杯冰咖啡，喘口氣休息一下。

像這種時候，如果窗外吹來了徐徐和風那就太棒了！可惜現實生活裡，這裡是濕熱的東京。說到這，這麼熱的酷暑，該怎麼保存咖啡豆呢？

我請教了咖啡達人大宅先生，他說買咖啡豆時最好一次只買兩星期的份量。以室溫二十度左右的情況來說，可以把咖啡豆擺在不受陽光直射的陰涼處保存。但盛夏炙熱若此，我看還是把咖啡豆冰進冷藏庫，以免連豆子也中暑（？）了。

渡邊繼先生製作的玻璃杯。杯緣觸感平滑，杯身順手好用。除了冰咖啡外，也適合拿來喝加了冰塊的燒酒或冰涼的日本酒。我還想放刨冰呢！它看來就適合擺在夏天桌上！
La Ronde d'Argile　電話：03-3260-6801

## 大宅稔的咖啡豆講座

其實最好的冰咖啡就是把你平常喝慣了的咖啡冰透後飲用，如果要我推薦的話，我建議大家選擇冰鎮後仍保有個性、後味會綻放出香甜的咖啡豆。

在此推薦一種名字很長，叫做「衣索比亞耶加雪菲IDIDO產區日曬摩卡」（Ethiopia Mocca Yirgachaffe IDIDO Natural）的咖啡。把它烘焙到比中深再重一點的焙度。這種咖啡豆帶有強烈的摩卡花香。

製作時，先以想喝的量所需要的咖啡粉去滴製出只有一半水量的咖啡，此時濃得會讓你喝了昏眩。接著再慢慢加入冰塊調淡，等你覺得冰度跟濃度都恰到好處時即可。

名字冗長，
風味也別具一格。

　文、搭配—久保百合子　攝影—公文美和　翻譯—蘇文淑

# 銀魚

## 江戶前壽司❸

銀魚日文的漢字寫成「白魚」。很容易跟素魚產生混淆（譯註：素魚發音Shirouo，與銀魚Shirauo很接近，外觀也雷同），素魚是在九州室見川捕到的黑深蝦虎魚苗，而白魚則是沙丁魚的魚苗。銀魚一年就算成魚了。活著是透明的，加熱呈乳白色。早春2～3月味道最好。

「聽說也有直接以海苔包生銀魚或握成軍艦卷（譯註：用海苔包醋飯，將海鮮盛放其上的握壽司），但那細緻的韻味就會被海苔壓下去了。」松下先生說。

「燙過後再握成壽司最好吃。由於銀魚一旦加熱，會變得鬆軟易變形，所以握的時候會用笹葉（譯註：一種近似竹子的植物）支撐，這也是江戶時代傳承的智慧吧。」

把笹葉鋪在手掌，再將燙過的銀魚，搭配用沙蝦製成的蝦鬆，不加芥末握出來的壽司，稱為「銀魚的掌心漬」。

傳說銀魚頭上的紋路，與德川家的家紋三葉葵很相似，所以德川家康特別喜歡吃。在江戶築城後，還從大阪的攝津郡佃村帶了二十個漁夫過去，頒發捕銀魚的執照。讓他們在隅田川的河口與千住大橋之間捕魚，每周兩次、運三百隻活銀魚送到江戶城。那些漁夫以故鄉來為自己住的地方命名，稱之為佃島。當魚捕得過多時，他們得到許可能把多餘的拿去賣，在現在的日本橋賣魚，成為日本橋魚市場的起源。

松下先生靜默地將竹籤插進銀魚頭部，讓牠們串在一起。身長僅5～6公分嬌小的銀魚，頭上花紋的直徑不到五厘米，是項馬虎不得的活兒。這些以竹籤穿刺的銀魚燙過以後才被做成握壽司。

完成後的銀魚握壽司，是朦朧的粉紅色，肚裡的魚卵隱約透見，有如春天迷濛的月色。

歌舞伎的看家戲碼〈三人吉三〉裡，有句著名的台詞「月朦朧銀魚的篝火也朦朧春日的天空……」，可以一窺江戶時代，捕捉銀魚曾是江戶城早春的地方風情。

銀魚的握壽司

## 握

把笹葉鋪在手掌，放上溫熱的銀魚，再用沙蝦做的蝦鬆揑握在一起。這樣不用海苔也能完成握壽司。最後將竹籤拔掉遞給客人。

## 水煮

用味醂1，水0.5的比例，加上少許鹽使其沸騰，然後水煮銀魚約30秒，煮過以後魚頭和魚骨會變軟，味醂能讓魚身緊實，魚卵更加美味。

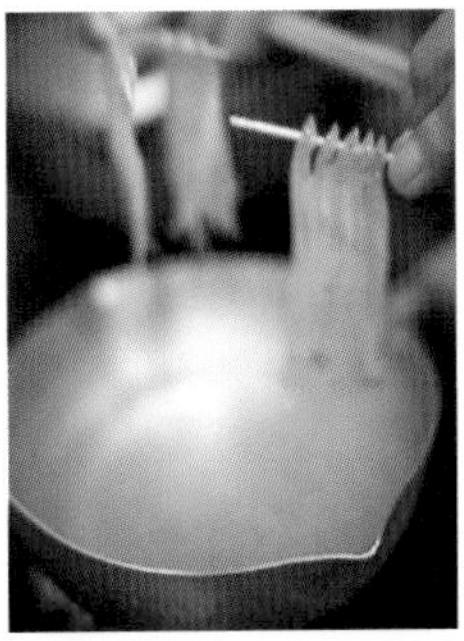

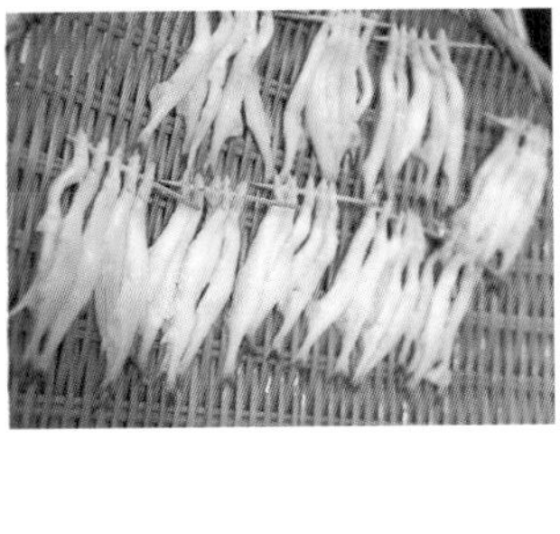

## 事先準備

將竹籤刺進魚頭堅硬的部分（人稱有如白色斑點的花紋與葵的圖案很相似）。一串約4～5隻，全部都要像這樣穿刺串起。

文—高橋良枝　攝影—日置武晴　翻譯—褚炫初

# 鳥貝

江戶前壽司❹

鳥貝這個名字據說是因為它那紫黑色的尾端形似鳥喙，也有一說是因為味道類似雞肉而被取了這名字（譯註：「雞」的日文漢字寫成「鳥」）。

外觀呈現淡淡黃褐色，形狀接近圓形的雙殼貝，內側桃紅。鳥貝壽司端上桌時一向黑漆漆的，沒想到原來這麼漂亮，不禁讓我訝異。

「因為鳥貝的處理有點麻煩，現在很多店家乾脆買剝好燙熟的成品來用，所以客人也就沒機會看見它的貝殼了吧。」

松下先生邊說邊不停地剝開一個又一個鳥貝，手上功夫全不間斷。

「拿掉鳥貝的內臟時如果在木頭砧板上處理，內臟的墨汁會弄黑砧板，所以要用玻璃製品。」

處理時，把貝殼擺放在玻璃砧板上迅速弄好，仔細別傷了貝肉。

至於如何保留那漂亮的紫黑色澤似乎也有訣竅。絕不能光是丟入沸水裡煮，那樣會掉色。

「以前沒有人教我，所以我想最快的辦法就是去現場學。拎著一大瓶酒就跑到捕鳥貝的千葉海邊了。」

到了海邊後，往處理海鮮的小屋子裡一看，正好看到對方在煮蝦蛄。心想差不多快輪到鳥貝了吧？這時只看見對方拿起醋瓶，「咕嚕嚕」地就往大鍋子裡拼命倒。

「原來如此！加這麼多醋就算用滾水煮過也不會掉色，可以保住原色了。於是我就學了一招！」

松下先生把勾在身體上的攝食吸管小心地保留了下來，讓壽司的外觀帶點拙趣。攝食吸管嚼起來有種悠長的春天滋味。

其他地方賣的鳥貝有時韌得像橡皮一樣，所以我不大喜歡這種壽司。不過松下先生手下的鳥貝可充滿了香氣呢，彈Q又柔軟可口，這下子，我得對鳥貝刮目相看了。

鳥貝握壽司

## 燙

用水1、醋3的比例煮沸，去除醋酸味，將鳥貝汆燙10秒即拿起。把燙捲的貝肉攤好，整理一下形狀。

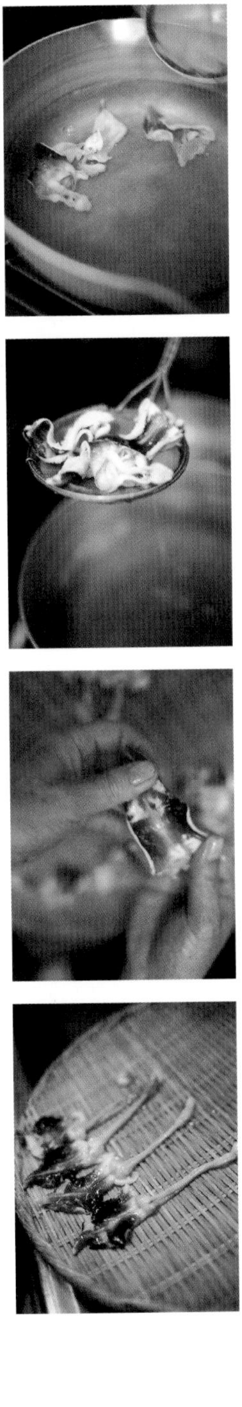

## 洗

準備一盆濃如海水般的鹽水，在鹽水中仔細洗淨鳥貝斧足與吸管部的沙子及髒垢。

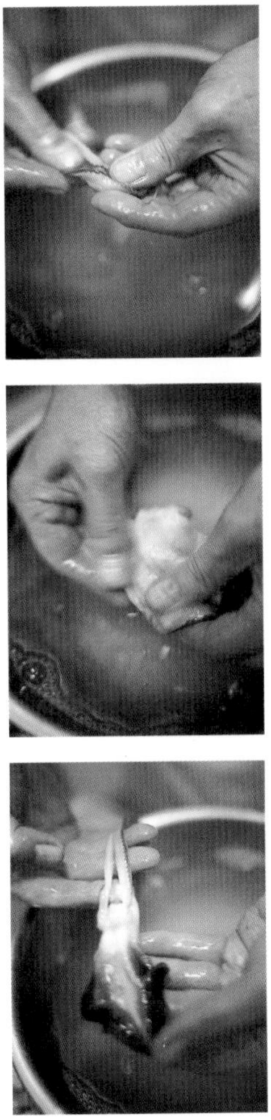

## 剝

剝殼取貝肉，在玻璃砧板上切開斧足，取出腸線丟掉。小心別切掉攝食吸管，將它攤開來。

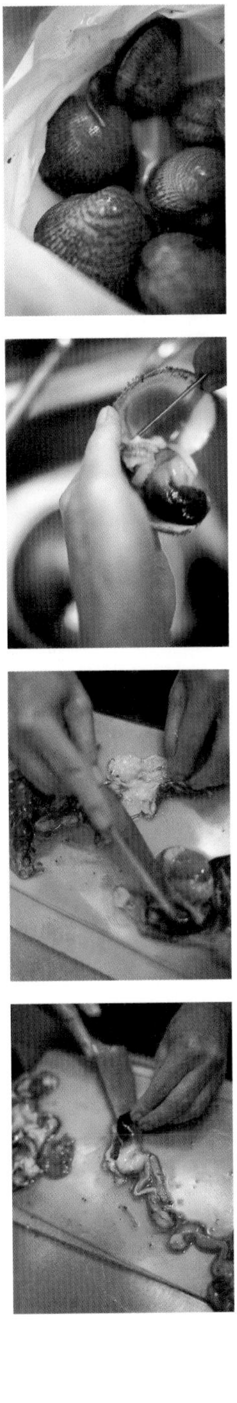

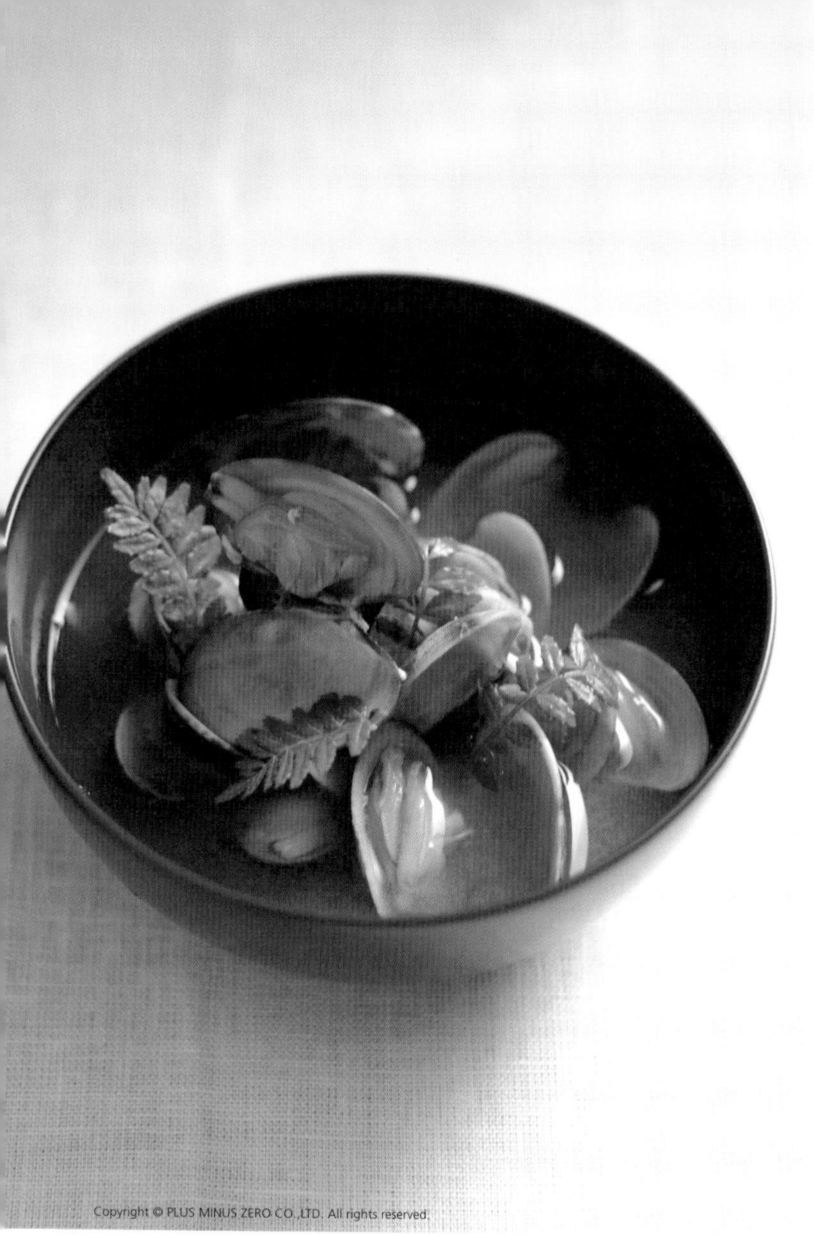


日日・人事物❷

# 好設計就像一鍋香醇湯底

文—褚炫初　攝影—李維尼　商品提供—小器

颱風過境，台北難得涼爽，儘管是忽晴忽雨的周五夜，徐州路上會議中心的演講廳還是早早坐滿聽眾。被譽為日本當代最具代表性的工業設計師——深澤直人，風塵僕僕，中午才剛從東京趕來，隔日清早便要離去。深澤先生邊思考邊講解電腦中數量龐大的簡報資料，「這部分比較難，大家能不能理解呢？」他不時有點傷腦筋地自言自語。只有當我們對某些乍看之下不起眼、實則暗藏巧思的設計發出「原來如此……」的讚嘆時，深澤先生才笑了，正如他稍後在演講中說的，對設計師來說，世上最至高無上的讚美並非來自客戶，也不是比賽得獎，而是使用者察覺到自己的需要被滿足後脫口而出的「啊，原來如此！」從那瞬間的恍然大悟開始，設計走進了我們的生活，也改變了日常原本的樣子。

深澤直人的作品風格如他的人，低調而簡單。儘管是享譽各界的設

簡潔的設計，低調卻充滿美感。

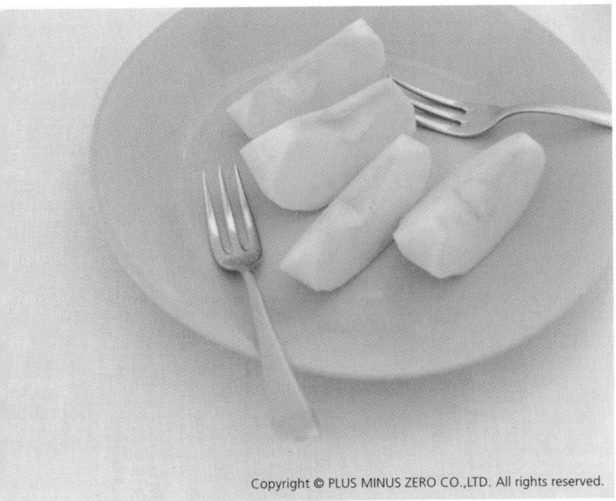



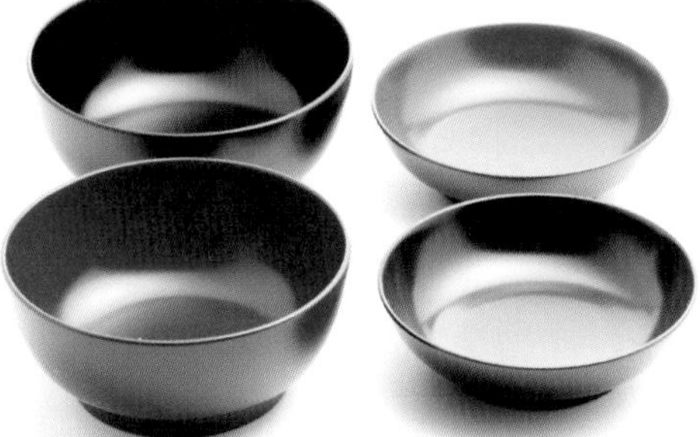

計師，穿著打扮與行事作風都沒有世俗以為設計師「走在時代尖端」、「個人色彩強烈」的既定印象。他說，我的設計不加調味料。那要如何完美詮釋來自世界各地、不同生活文化背景的設計委託？深澤先生用煲湯來做比喻：「好的設計就像一鍋沒有放調味料的湯底，它可以沒有味道，但一定要夠香醇。而幫這鍋湯調味的，是每個客戶品牌原有的特色和精神。」

在台灣也有不少擁護者的無印良品和±0，應該讓人更容易理解深澤直人的湯底哲學。他為無印設計過眾多經典商品，還說無印良品是唯一要求設計師盡量不要做設計的客戶。將視覺上的設計元素降至最簡單，剩下便是機能性的美感，以及品牌想表達的態度與價值觀。一款壁掛式CD PLAYER，上市多年依然是無印家電的明星商品。有趣的是，經過調查發現，擁有無印CD PLAYER的消費者，卻未必經常用它來聽音樂。對於這現象，深澤先

深澤直人的作品風格如他的人，
低調而簡單。

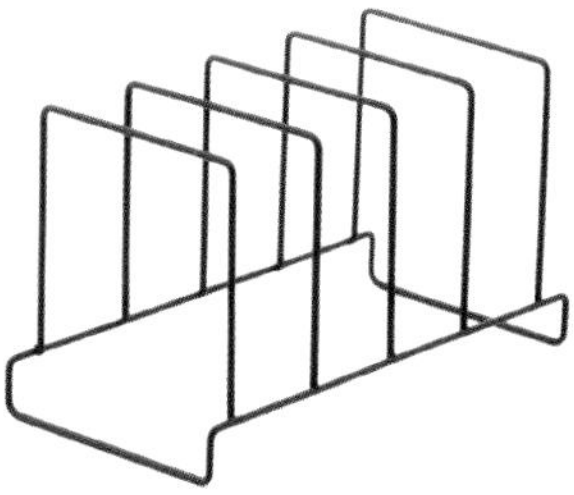

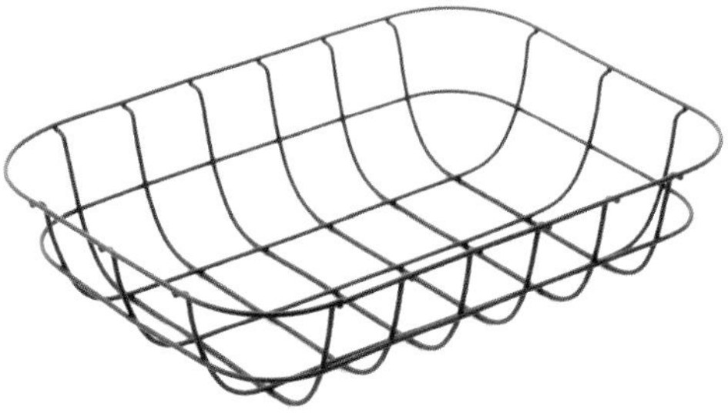

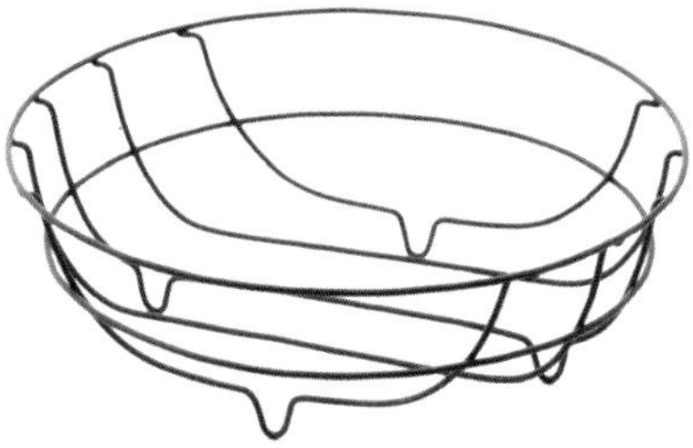

生笑說，因為大家買的是對某種價值的集體認同。他所主導的另一個家電與生活雜貨品牌「±0」，也秉持相同基本調性。「±0」的意思是「剛剛好」，所以無論在造形、大小與價格，都保持在適當的範圍。不追隨流行，不譁眾取寵，才能融入生活，歷久彌新。

科技日新月異，改變了產品的構造。譬如昔日厚重的電視，如今只剩掛在牆上的顯示面板，先不說連唯一可設計的邊框部分也越來越窄，連「電視機」的定義也不同以往。面對這樣的轉變，深澤直人卻不認為設計師會因此失去舞台。他指著線條簡約的鍋具說，至今還有許多的「物品」圍繞在我們身邊，如桌椅、櫥櫃、鍋碗瓢盆……。那些早在技術起飛前便出現在日常的「生活道具」，如今既然沒被淘汰，未來也應當繼續存在。設計師仍可從中創造讓使用者感動，並讓生活變得更加美好的可能。

桃居・廣瀨一郎此刻的關注❹

# 探訪 Masu Taka的工房

最近的器皿不是黑就是白，
頂多用灰釉或鐵釉上色，
多是一片素淨簡單。
但在這股風潮中，
Masu Taka的作品綻放出了獨特的光彩，
細膩的筆鋒描繪出色彩豐富而纖細的圖樣，
也為作品醞釀出了跨越國籍的特殊風格。
這回我們和廣瀨一郎一起
來到他位於東京下町的工房，
一探究竟是什麼樣的人
創作出這些作品。

文—高橋美枝　攝影—杉野真理　翻譯—蘇文淑

在工房前的Masu Taka和廣瀨一郎。
魚店老闆路過時打了個招呼：
「唷，今天有活動啊？」

東京淺草的對岸，一渡過了隅田川後東邊一帶正是永井荷風的小說《墨東綺譚》的舞台，這兒飄散著濃濃的下町風情。墨田區、曳舟。Masu Taka的工房就藏身在民宅、商鋪與小工廠林立的巷弄中。

走進了玄關，眼前是個擺著轆轤與窯爐的工作室。

「請進請進，地方小別客氣。」Masu Taka笑著招呼。工作室裡擺著畫圖用的一張大桌子，後頭有個小廚房。陡急的樓梯連結到2坪多的房間跟類似茶室的1.5坪空間。

據說這棟長屋已有八十年歷史，他租下了相連的三棟房子正中央的這一間後，花了八個月時間一個人慢慢改造。

「當初在某本雜誌上看見關於這裡的特輯，好奇之下來看，沒想到第一眼就喜歡上了，於是乾脆搬過來。」

他就這麼「離家上工」。從家人居住的世田谷搬到這裡來獨居。他像一陣風地來到這裡，雖然還不到一年，不過附近居民馬上就接受了他。有時候他在轆轤前工作到天亮，鄰居經過時也會打招呼。附近魚店的老闆有時還會送魚給他。

Masu Taka離開了出生長大的長崎，到東京後當過上班族，也加入過劇團「天井棧敷」。在經歷過這兩種不同的生活後，他改行當插畫家，建築起了專業生涯。

可是就在即將邁入五十歲的前夕，他忽然迷上了陶藝。從開始發表作品到現在也才不過六、七年時間。說到這，他在陶藝世界裡的資歷與前面介紹過的青木良太差不多。

他的作品一大特徵就在於畫。那彷彿來自於某個國度、又不必然屬於任何國度的畫。作品本身彷彿就像是剛從世界各地旅途歸來的旅人一樣沒有國籍之分。「我希望能不停改變風格，持續創作。」

他的風格其實就在於不拘泥於單一形式、不停變動。他請我們喝咖啡時用的杯子，上面畫著老虎跟一個人在大草原上相望，這是Masu Taka筆下的故事之一，也是一個不停轉動、在世界中奔跑的故事。

**升たか（Masu Taka）**

1946年生於長崎縣，二十多歲時參與劇團「天井棧敷」而站上舞台。1976年留學舊金山藝術大學後以插畫家的身分活躍業界，曾獲青木繁紀念大賞首獎與1983年度日本插畫展銀賞、別府現代繪畫展大賞等。2000年3月及10月以陶藝家身分在桃居舉行陶藝展，之後每年在日本各地四、五個藝廊舉辦個展。

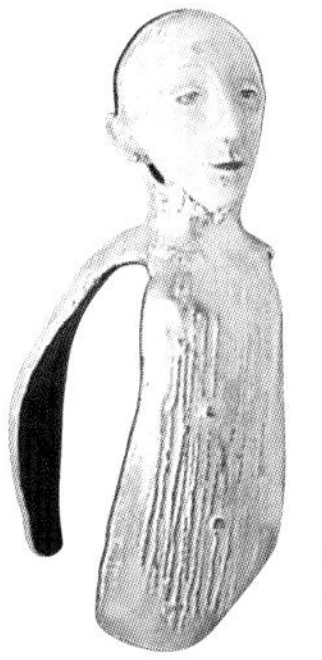

工房架子上的奇特擺設。

部分繪圖用筆。技法上，有時會先上色再勾邊線。

本人自謙做的不過是點小娛樂而已，但實則範疇廣博。

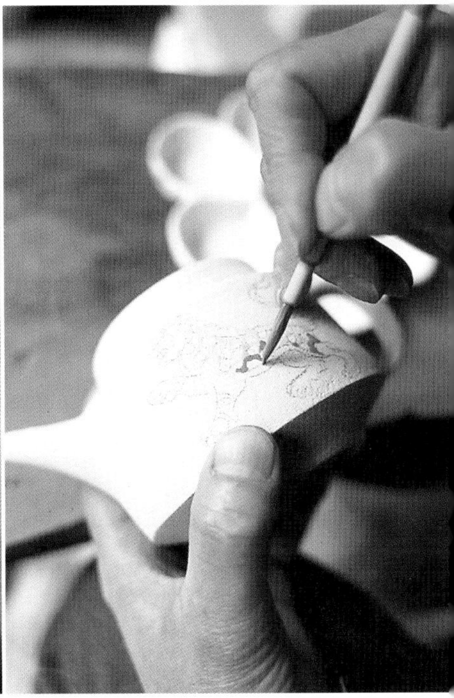

一口氣以細膩的貂毛筆畫出線條，不同的線條表情採用不同畫筆。

Masu Taka第一次個展是在2000年3月，地點在廣瀨先生的「桃居」。

「想起來，那時候真的冒冒失失就上門自我推薦了。」

「其實他的作品跟我們店裡風格不太一樣，因此我一開始有點猶豫。不過開門做生意不能故步自封，加上作品跟創作者其實是相通的，我跟他聊天之間很自然就湧現了一點不同的想法。」

廣瀨先生回想起兩人初次見面的情景。他們兩人年紀相仿，對一位初出茅廬的團塊世代陶藝家來說，廣瀨先生應該是很有力的夥伴。

「其實Masu Taka建立風格的速度也很快。」

「因為我起步晚，沒時間浪費了。我很喜歡李朝的陶瓷，不過沒辦法花十年時間去拜師學藝、追求傳統藝術。既然這樣，乾脆放手走出自己的路好了。我不想被侷限在固定的風格裡，也許有一天我也會突然做出純白的作品唷！」

Masu Taka跟廣瀨一郎邊翻畫冊，聊得很起勁。
工房二樓有間2坪多的房間跟1.5坪大的茶室般的空間。

# Masu Taka的作品帶人進入一個屬於「Masu Taka World」的奇幻異境

文—廣瀨一郎 翻譯—蘇文淑

「絢麗的故事從掌心中的小碟開展。喜歡讓別人開心的Masu Taka
隱藏在那柔和的線條、豐富的色彩與巧妙的構圖中。
題材大多來自於古陶瓷或各年代、地區的繡毯，
在他筆下轉化成了屬於『Masu Taka Wolrd』的當代世界。」

■順時鐘由上依序為110×22・110×22・100×22（直徑×高）

「雖然從沒見過，但他的作品總是讓人有種奇妙的懷舊感。
他的自由精神讓他不受限於傳統技法與觀念，一路將好奇心延伸到東南亞與非洲。
有如鑲嵌般將點線嵌入表面的作品，受到西非織品所觸發；
而描繪著西洋人物的詼諧壺器則由印尼古畫中得到靈感。」

■左170×195・右135×185（直徑×高）

桃居　東京都港區西麻布2-25-13　03-3797-4494　週日、週一、例假日公休　http：//www.toukyo.com/
廣瀨一郎以個人審美觀選出當代創作者的作品，寬敞的店內空間讓展示品更顯出眾。

## 日日歡喜❸

# 「飯碗」

剛煮好的白飯熱騰騰冒著煙，
氤氳中浮現家人的笑臉，
可說是日本餐桌最初始的風景。
飯碗是家庭器皿的基礎。
《日日》的夥伴們
用什麼碗吃飯？
這回日日歡喜加上新的成員
和大家分享「飯碗」。

飛田和緒（料理家）

### 灰月的原創茶碗

最近很喜歡的，是松本市「ギャルリ灰月」原創的茶碗。造型雖然圓圓胖胖，拿起來卻很輕盈，邊緣非常薄。盛起飯來，重量剛剛好。稍微大一點的尺寸正合我意。想用醬汁拌飯或小蓋飯的時候也很恰到好處。「あんこぼ」製作

安井進（攝影師）

### 妻子的手作茶碗

不知道是興趣、還是做不好又很投入，我的妻子已經上了10年的陶藝課。因為這樣，家中充滿了妻子做的器皿與擺飾。這個碗也不知何時開始變成我在用的。因為好像是專門為我做的，每天每餐，我都用這個吃飯。這樣一來，無論碗裡或碗的本身，都是妻子的手作。

三谷龍二（木工設計師）

### 黑漆的飯碗

喝酒時不吃飯只吃菜的人還滿多的。不過因為我很喜歡吃飯，到最後即使吃一點也好，就是會很想吃飯。我的飯碗正如所見是個圓筒狀的黑漆器皿。雪白的米飯被盛在黑色碗裡冒著蒸氣，看起來好吃得讓人非常開心。黑漆的碗　http://www.mitaniryuji.com/

久保百合子（造型師）

## 秋冬用的濃綠色碗

這個碗是秋冬用的。我擁有的器皿大多是白或黑色，淺井純介先生這個織部綠*為我的餐桌帶來色彩。放在手掌的觸感非常舒服，我很喜歡它圓滾滾的造型。到了春夏基本上我多使用磁器用餐，飯碗也是。桃居 03-3797-4494

＊譯註：古田織布是千利休的高徒。於利休死後成為天下第一茶湯名人，除了茶道，也精通陶器。織部燒為其所創，綠色最為有名。

田所真理子（插畫家）

## 東南亞的古瓷器

購於東京．青山的「UNTIDY」。它來自緬甸，形狀與白瓷的感覺都和白飯很搭。以飯碗來說雖然有點大，但無論是裝米飯（盛少一點）或吃蓋飯的時候，對我來說大小很適中，目前每天都登場使用。03-3335-9230

日置武晴（攝影師）

## 補銀之後繼續愛用

這本來是織品、服裝設計師Jurgen Lehl員工餐廳所使用的器皿。我很喜歡，所以求高橋綠小姐讓給我。可是有天卻突然破掉了。但我不想放棄，就把它拿去骨董店「tamiser」，修理後成為照片中的器皿。補了銀的器皿呈現出與原來不同的風貌，這個樣子我也十分喜愛。

公文美和（攝影師）

## 赤木先生的漆器

我把赤木明登先生三種尺寸一組裡中間的那個木碗拿來吃飯。這是在他的個展中買的，吃茶泡飯和蓋飯類的時候我會用最大的。最小的木碗就來裝醃菜或小菜，三種尺寸一組的器皿非常好用，所以我很喜歡。素雅的紅色與木質的溫潤感也很棒。桃居　03-3797-4494

# 日日歡喜❹

# 「佐飯小菜」

日本人的心蘊含在剛煮好的
白飯裡。
從前的日本人餐桌上必定會放著
味噌湯跟醬菜。
而如今食材日益多元，走到哪都吃得到日本
甚或全球各地的食物。
那麼，我們《日日》的夥伴平常吃飯
都配些什麼菜呢？

飛田和緒（料理家）

## 隨意菜

我父母親住在長野縣牟禮村，這是那裡從以前就有的一道夏日小菜。只要把茄子、小黃瓜、茗荷跟青辣椒等夏季蔬菜切個細碎，抹點鹽、擰掉水分，再把切碎的味噌醬菜、酒粕醬菜跟煮過的秋葵拌一拌即可。夏天容易食欲不振，但有這個跟白飯我就胃口大開了。

高橋良枝（編輯）

## 山椒小魚

我家裡永遠有山椒小魚。我試過很多家，不同店家的口味天差地遠，有些甜有些軟，我最喜歡的是京都的「Harema」。不過這家要訂，所以有時候手邊快沒了我就先買木村九的瓶裝品來替用。我喜歡它的味道跟柔軟的口感。京都・木村九商店製

三谷龍二（木工設計師）

## 海帶芽

這是故鄉福井的名產，我從小常吃。略帶鹹味的海帶芽裡透著一點海水香，很下飯。白飯適合的就是這種簡單又帶點鹹味的小菜。尤其對著住在山邊的人來講，海水味簡直是振人心脾。小田昆布　0776-22-1613

久保百合子（造型師）

## 雅—焙煎小魚

這是京都醬菜屋野呂本店的產品，在東京的話，可以到涉谷東急東横店一樓的東横暖簾街買。我喜歡它酥脆的口感，除了下飯還可以拿來配任何菜，是我家不可或缺的餐桌良伴。吻仔魚、昆布、金芝麻、青海苔合奏出豐富的滋味。

田所真理子（插畫家）

## 昆布有馬煮

我在料亭「溫石」工作的老公總用大量昆布熬湯底，熬完的昆布累積到一定程度後就做這道有馬煮。把昆布剪成3公分左右，倒進酒、水、醬油、砂糖跟有馬山椒煮到軟嫩。很下飯，也可以加進茶泡飯。

杉野真理（攝影師）

## 鹽味昆布

不曉得這樣熟悉的口味是從什麼時候開始出現在我家的餐桌，連現在一個人獨居也習慣在半夜肚子咕咕叫時盛碗飯（最好是剛煮好的）來配這個。最喜歡加在茶泡飯裡。小倉屋・えびすめ（85g），姫えびす（56g）

米澤亞衣（料理家）

## 梅干跟海苔

應該沒有別的菜比梅干跟海苔更適合跟白飯做朋友了！不管人在義大利或日本、不管手邊有沒有別的菜，只要有這兩樣我就感覺幸福。從前都吃阿嬤醃的梅干，現在則喜歡龍神梅。海苔的話，只要脆脆的都喜歡。

 攝影—公文美和　擺設—久保百合子　翻譯—蘇文淑

專欄 植物日和❷

# 孢子印與夏日之穴

文、圖─林明雪

「在蕈類的世界裡，孢子印是一紙可靠的身分證明，不同的蕈類具有不同顏色和形態的孢子印。」

颱風過後，在一株老九重葛的枝幹間，發現了一朵棕紅色的、蕈蓋帶著毛鱗、有點半透明的野蕈。蕈傘已經成熟張開，看來再過不久傘下的孢子就會隨著氣流飛散開來。小心地將它從寄生的縫洞間採下，帶回室內，心裡期待著要製作這朵野菇的孢子印。製作孢子印的方法是從一本小學生的讀物上學來的，步驟：（一）切下蕈柄；（二）將蕈傘覆蓋在紙上；（三）靜靜地等待孢子落下。

在等待孢子落下的時間裡，把手邊的圖鑑翻了又翻，仍舊查不出這朵野菇的名字。採集孢子印是辨認一朵野菇的最後的線索。幾個小時後，掀開蕈傘，傘下多了一枚茶色的孢子印。孢子印呈放射狀，褶脈清楚分明，無疑是一幅小巧的版畫。在蕈類的世界裡，孢子印是一紙可靠的身分證明，不同的蕈類具有不同顏色和形態的孢子印。如果為一朵牛肝菌製作孢子印，那麼多半是一枚網點狀的孢子印，因為在多數牛肝菌的菌傘下，有著數也數不完的小孔。

在一本談論蕈類的文集裡讀到，不管是香菇的蕈褶也好，或是牛肝菌的多孔組織也罷，都是演化而來的。因為比起單純的平面，縐褶的構造可以創造出更大的表面積，孕育出更多的孢子。有著可愛名字的「刺蝟菇」，便因此讓自己的菇體進化成細密的針狀。如同各式各樣的演化說，我總是為這種推論上的合理性感到佩服。

「我喜歡從巷子的另一頭走回家時所看到的菜園風景，包括了那片長豆牆和那個我以為只有我自己才知道的洞穴。」

叔叔在路旁的荒地上開闢了一座自己的菜園。菜園如他的個性，棚架搭得潦草，種植毫無計畫。喜溼的與耐旱的作物比鄰而居；風隨意吹來的種子和特地從種苗行買來的菜籽有同等的機會在土裡成長茁壯。我喜歡冬天時整片菜園被一種小小的野生番茄侵佔的樣子，小番茄既小又酸，但蓬蓬鬆鬆的葉子綿延成一整片時，像一襲柔軟的棉被，看起來非常溫暖。

總是在天氣漸漸暖和時，野番茄的群落便開始縮小。不知不覺間，不知何時種下的南瓜，大片大片的葉子已經取代野番茄爬了滿地，甚至踩著竹杆爬上了絲瓜棚。絲瓜爭地也不落後，捲曲的鬚莖早就帶頭攀到了長豆的支架上。在這裡，作物的生長沒有邊界，綠意高低起伏，明明是種出來的菜園，感覺卻像是野生的。

夏季是長豆生長的季節，原本棚架上的葉子還稀稀疏疏的，漸漸地也爬成一堵綠色的厚牆。綠色的長豆牆有一個自然形成的洞口，洞口連接著絲瓜棚下方的空間，裡頭積了厚厚一層鬆軟的落葉。我喜歡從巷子的另一頭走回家時所看到的菜園風景，包括了那片長豆牆和那個我以為只有我自己才知道的洞穴。

和其他藤蔓植物一樣，長豆的生長也有方向性。在長豆牆的牆腳下，可以看到所有的莖蔓以逆時針方向纏著支柱盤旋而上，據說，這種生長的向力是受到地球自轉的影響。日子如靜物，還有什麼能比旋轉的藤蔓，還要能證明它運行的軌跡？

生活裡偶然不經意的發現，總是會為平淡的日子帶來一些小小的趣味和創作的想法。

花與生活❷

# 秋天的風景

文—Frances　攝影—李維尼
攝影場地提供—小器

## 林連素珍

德國花協（FDF）與工商總會（IHK）
Master Florist考試通過（歐盟認證），
現任行政院勞委會技能競賽花藝職類裁判團成員，
中華花藝研究推廣基金會花藝教授及北區分會長。

象徵福氣與圓滿的圓仔花，
即將由綠轉橙的小月桃果實，
加上熱情奔放的火焰百合，
在搖曳的叢叢綠意裡不明顯的秋天，
有著屬於收穫季節的生氣盎然。

### 花藝新手 Tips

常見的插花海綿主要是酚醛塑膠物質組成，不會自行分解。因此，除了可多次使用的劍山，也可以修剪後餘下的樹枝組成架構，再填入葉材，即成為固定花材的基座。既環保又能夠展現花材本身的線條，塑造出自然的美感。

① 準備花材和花器，這次利用楠天竹的樹枝組合，取代海綿。

② 將樹枝不規則地交叉綑綁作為基座。每一枝必須有兩個以上的「綁點」，才能保持穩固，不會晃動。

③ 讓楠天竹呈不等邊三角分布，用鐵絲固定在樹枝基座上。

④ 在樹枝基座的縫隙間插入小林投、海葡萄葉。

⑤ 將圓仔花和火焰百合插入葉材之間的縫隙。依照圓仔花和火焰百合自然的線條安排高低錯落的位置。必要時，以鐵絲稍加固定。

⑥ 最後以不對稱的方式插入小月桃的果實。

日々・日文版 no.3 no.4

編輯・發行人——高橋良枝
設計——赤沼昌治
發行所——株式會社Atelier Vie
http：//www.iihibi.com/
E-mail：info@iihibi.com
發行日——no.3：2006年3月1日
no.4：2006年6月1日

## 日文版後記

這期，我們拜訪了松本的須藤剛與真理子夫妻，以及東京下町的Masu Taka，他們將老屋子一點一滴地改造成自己理想的住居。《日日》也曾拜訪過井山三希子、青木良太，他們都靠著自己的雙手將老房子慢慢修復成住宅兼工房，或單純作為工房使用。

如今日本已筆直地朝著除舊佈新的道路前進，被揶揄成只會「破壞與建設」而已。因而當我們遇見了這些溫厚對待與珍惜既有事物的創作者時，我們的心底更加地感佩。

Masu Taka說：「夏天燒陶時，有時室內還會飆到60℃以上！」冬天反而還比較舒服。但他仍舊喜歡這個環境，因為這裡「隨時都能感覺到人的氣息。」

採訪中，除了看得到作品與人物外，其實也窺見得到這些人的生活方式。這些人，都活得好《日日》。（高橋）

---

日日・中文版 no.2

主編——王筱玲
大藝出版主編——賴譽夫
業務行銷——闕志勳
設計・排版——黃淑華
發行人——江明玉
發行所——大鴻藝術股份有限公司｜大藝出版事業部
台北市103大同區鄭州路87號11樓之2
電話：（02）2559-0510　傳真：（02）2559-0508
E-mail：service@abigart.com
總經銷：高寶書版集團
台北市114內湖區洲子街88號3F
電話：（02）2799-2788　傳真：（02）2799-0909
印刷：韋懋實業有限公司

最新書籍相關訊息與意見流通，請加入Facebook粉絲頁
http：//www.facebook.com/hibi2012
http：//www.facebook.com/abigartpress

發行日——2012年10月1日初版一刷
ISBN 978-986-87817-8-8



日日 / 日日編輯部編著. -- 初版. -- 臺北市 ：
大鴻藝術, 2012.10　56面；　19X26公分
ISBN 978-986-87817-8-8（第2冊：平裝）
1.商品　2.臺灣　3.日本
496.1　　101018664

## 中文版後記

第一期日日出版之後，才驚覺說，啊！雜誌跟書籍不一樣，是出了第一期之後，就要一直出下去，而且永無止境的呀！當然，一切都已經來不及了……。

話說回來，最有資格驚呼這些話的人不是我，而是那些已經上船的朋友們，主編，美術設計，翻譯，專欄作者等等，每每在夜深人靜時，看到他們從臉書上不斷傳來趕稿的哀號聲，都不免湧上一絲絲的罪惡感。但那一絲絲的罪惡感，很快地在看到第二期的排版時，就被掩蓋掉了。

「嘿！同志們，我們在做一件有趣的事情呢～」。像個屌兒啷噹的痞子在泡妞般，忍不住冒出了這句話，也不管對象是大叔還是大嬸。

第二期，我們做了個比較低調的贈品，但依舊誠意十足，希望大家會喜歡，然後也稍微回點神來注意到雜誌的內容，哈哈！

2012年12月1日前（郵戳為憑），完整填妥本期讀者回函卡寄回大鴻藝術，即可參加日日好禮抽獎（五名）。
1.【野田琺瑯】月兔印壺（藍）、2.【松德硝子】薄張直筒杯2只（含木箱）、
3.【essence】晴豆皿（瓢）象牙白、4.【essence】晴豆皿（松）綠、
5.【essence】晴豆皿（竹）青磁

本活動獎品由【小器−生活道具】提供。